LES FEUILLES DES PLANTES

EXHALENT-ELLES DE L'OXIDE DE CARBONE ?

PAR

M. B. CORENWINDER

Membre de la Société des Sciences de Lille.

3ᵉ Mémoire.

LILLE,
IMPRIMERIE DE L. DANEL.

1865.

LES FEUILLES DES PLANTES

EXHALENT-ELLES DE L'OXIDE DE CARBONE.[1]

—

NOTE

Par M. B. CORENWINDER,

Membre de la Société Impériale des Sciences, de l'Agriculture et des Arts de Lille.

—

(Extrait des Mémoires de cette Société année 1865, IIIe série, Vol. I.)

—

Lorsque les rayons du soleil illuminent la surface des feuilles des végétaux, ces organes exercent une fonction importante qui n'apparaît pas aux regards, mais que l'imagination, guidée par les découvertes de la science, peut se représenter dans tout son prestige, admirer dans toute sa splendeur.

A mesure que l'astre, qui préside à toutes les manifestations de la vie, parcourt en apparence les diverses zones de la terre, les appendices respiratoires des végétaux se mettent à l'œuvre; par leurs innombrables surfaces ils puisent avec avidité, dans l'atmosphère, l'acide carbonique qu'il contient, le décomposent, fixent le carbone dans leurs tissus et exhalent de l'oxigène.

Cette opération mystérieuse, qui inaugure une nouvelle rota-

---

1. Les expériences qui font l'objet de cette note ont été communiquées à la Société des Sciences de Lille, il y a plusieurs années. J'ai voulu les répéter avant de les publier.

tion du carbone dans les organes des êtres animés des deux règnes, n'est pas aussi simple qu'on pourrait le supposer ; elle est soumise à des modifications nombreuses, dépendantes de la forme des feuilles, de leur nature, de leur âge, de la température et surtout de l'intensité des rayons lumineux.

La découverte de la décomposition de l'acide carbonique par les feuilles des plantes est une des plus brillantes de la fin du XVIIIe siècle. Elle est due aux travaux des physiologistes éminents : Bonnet, Priestley, Sennebier, Ingenhousz et de Saussure.

Ce dernier, qui a étudié plus attentivement que ses devanciers les conditions de ce phénomène, a observé que l'oxigène n'est pas le seul fluide expiré par les feuilles exposées au soleil. Celles-ci exhalent en outre une certaine quantité d'azote et retiennent de l'oxigène [1].

Tout récemment une question intéressante a été soulevée dans le monde scientifique : on s'est préoccupé de rechercher si parmi les produits expirés par les feuilles exposées au soleil il y avait de l'oxide de carbone.

Ce problème ne pouvant pas, à mon avis, être résolu par l'eudiomètre qui, en bien des circonstances, est un instrument trompeur, je me suis préoccupé de trouver un appareil qui me permît d'opérer sur de grands volumes de fluides élastiques et d'être témoin oculaire de toutes les phases de l'opération.

Cet appareil, à l'aide duquel on peut découvrir de faibles proportions d'oxide de carbone dans un milieu déterminé, est représenté dans la figure 1. Il se compose de :

1º Une cloche de verre A sous laquelle on met des plantes ou d'autres substances que l'on suppose devoir produire de l'oxide de carbone ;

2º Une grande éprouvette tubulée B contenant de la pierre

1 Recherches chimiques sur la végétation. Page 48 (1804).

ponce imprégnée de dissolution concentrée de potasse caustique [1] ;

3° Un tube horizontal en verre peu fusible C renfermant des fragments de ponce mélangés d'oxide de cuivre pur. On le chauffe avec une lampe à gaz munie de plusieurs becs ;

4° Une éprouvette D contenant de l'eau de barite concentrée et limpide ;

5° Une autre éprouvette contenant de l'eau pure ;

6° Un grand aspirateur.

La description seule de cet appareil suffit pour faire apprécier les résultats qu'on peut obtenir en en faisant usage. L'air contenu dans la cloche, appelé par l'aspirateur se dépouille de son acide carbonique (s'il en contient), en passant par l'éprouvette B. S'il renferme une proportion quelconque d'oxide de carbone, celui-ci se change, au contact de l'oxide de cuivre chauffé au rouge, en acide carbonique qui est retenu en totalité par l'eau de barite. La quantité de carbonate de barite obtenue fait connaître celle de l'oxide de carbone aspiré [2].

Avant d'entrer dans le détail des expériences que j'ai effectuées à l'aide de cet appareil, je vais faire connaître les essais qui ont été opérés pour en apprécier l'exactitude.

J'ai mis sous une cloche 50 centimètres cubes d'oxide de carbone pur (à 20° de température et 76 centimètres de pression atmosphérique). Ce volume, ramené à la température 0°, représentait $46^{cc}5$; puis je l'ai fait passer lentement à travers le tube contenant de l'oxide de cuivre mélangé de pierre ponce.

On a dosé ensuite la quantité de carbonate de barite obtenue

1 Si dans le cours des expériences, on obtenait un dépôt de carbonate de barite dans le récipient D, il conviendrait de mettre un flacon laveur contenant de l'eau de barite entre l'éprouvette B et le tube horizontal.

2 De ce qu'il se produirait un dépôt de carbonate de barite dans le récipient D, on ne pourrait pas conclure qu'il a été occasionné exclusivement par l'oxide de carbone, puisque les hydrogènes carbonés auraient, dans le même cas, la propriété de fournir de l'acide carbonique.

dans le récipient et on a trouvé qu'elle équivalait à $46^{ccc}3$ d'oxide de carbone.

D'autres expériences de cette nature ont donné les mêmes résultats, ce qui ne laisse pas de doutes sur l'exactitude du procédé.

D'après ces recherches, il est donc certain que tout l'oxide de carbone contenu dans un réservoir peut se transformer en acide carbonique en passant sur de l'oxide de cuivre chauffé au rouge; mais pour que la réaction soit complète, il faut mélanger cet oxide avec de petits fragments de pierre ponce afin que le tube soit bien rempli de substance agissante. Sans cette précaution, une partie de l'oxide de carbone passe sans subir de modification.

La pierre ponce elle-même facilite la réaction. J'ai constaté qu'on produit de l'acide carbonique lorsqu'on fait traverser par un mélange d'oxide de carbone et d'air atmosphérique un tube contenant des fragments de ponce ou de mousse de platine entretenus à la température rouge.

Mais, soupçonnant qu'avec ces agents seuls la réaction n'est pas complète, j'ai préféré utiliser simultanément de l'oxide de cuivre, qui, à n'en pas douter, devait donner des résultats parfaitement exacts.

Il est nécessaire de prendre de grandes précautions dans la conduite de cette expérience pour éviter de commettre des erreurs. Il faut nettoyer le tube avec soin et employer de l'oxide de cuivre pur et de la ponce récemment calcinée au rouge. La moindre trace de matière organique peut produire de l'acide carbonique.

Du reste, toutes les fois que je fais une expérience avec mon appareil, j'ai soin de chauffer au préalable le tube C, en aspirant l'air extérieur, et de n'établir la communication de la cloche A avec les tubes et l'aspirateur qu'après avoir constaté que l'eau de barite du récipient D reste parfaitement limpide.

Je ne me suis même jamais contenté d'une seule observation ; chaque expérience a été répétée au moins deux fois avant que je me sois permis de conclure.

D'après ce qui précède, on voit qu'on peut, à l'aide de cet appareil, découvrir dans un milieu déterminé de petites quantités d'oxide de carbone que l'eudiomètre serait impuissant à saisir et résoudre ainsi plusieurs questions intéressantes au point de vue de la physiologie végétale et même de la météorologie.

Je vais entrer à présent dans quelques détails sur les expériences que j'ai effectuées pour rechercher s'il y a de l'oxide de carbone :

1° Dans l'air atmosphérique ;
2° Dans les émanations des fumiers ;
3° Dans les produits gazeux exhalés par les plantes.

RECHERCHES SUR L'AIR.

L'air contient-il de l'oxide de carbone en quantité appréciable ?

On pourrait le supposer, au moins dans les pays industriels, où l'on verse constamment dans l'atmosphère les produits de la combustion d'une grande quantité de charbon.

Ayant fait plusieurs expériences à ce sujet dans mon laboratoire qui dépend du bâtiment de la fabrique que j'exploite, l'eau de barite du récipient D est restée constamment limpide, quelque prolongée qu'ait été l'opération. A l'aide d'un long tube de caoutchouc, je puisais de l'air à l'extérieur.

Je ne puis donc pas admettre qu'il y ait sensiblement de l'oxide de carbone dans l'atmosphère.

Si l'on était encore à l'époque où l'imagination suffisait pour formuler les lois de la nature, on pourrait soupçonner que l'oxide de carbone produit accidentellement à la surface du sol, n'y étant retenu par aucune affinité particulière, se rend dans les régions supérieures de l'atmosphère, en vertu de sa légèreté spécifique.

A ces hauteurs, soumis aux influences électriques il se combine avec l'oxigène, se transforme en acide carbonique et descend ensuite à la surface de la terre pour servir de pâture aux végétaux.

Ainsi, par une sage économie de la nature, les agents délétères se changent en substances nutritives, et rien de ce qui renferme du carbone n'échappe à la loi générale des transformations organiques.

L'étincelle électrique de la foudre est (cela n'est pas douteux) un gigantesque foyer de combinaisons chimiques. Tous les fluides plus légers que l'air et nuisibles à la vie animale vont, en dehors de la sphère d'activité où celle-ci s'exerce, s'épurer au feu céleste et recevoir une nouvelle destination. L'hydrogène se transforme en eau; les combinaisons azotées en acide nitrique; les essences volatiles, les éthers, les gaz carbonés en général en acide carbonique; les phosphures hydriques peut-être en acide phosphorique ou en phosphates à bases inconnues; tous ces produits, transformés dans cet immense laboratoire, se dissolvent dans les vapeurs des nuages et viennent porter la fécondité dans nos champs, quand ces nuages se condensent et tombent en pluie sur le sol.

Le tonnerre est donc le grand régulateur des forces vitales; c'est lui qui entretient l'harmonie dans la nature. La magnificence de son rôle s'annonce par l'éclat de ses manifestations.

RECHERCHES SUR LES FUMIERS.

Je crois avoir lu quelque part que les matières qui se putréfient au contact de l'air, exhalent de l'oxide de carbone. Comment a-t-on constaté cela? je l'ignore.

Ayant fait plusieurs expériences à ce sujet en plaçant sous la cloche A des engrais en fermentation, tels que du crotin de cheval, des excréments de bétail, etc., il ne s'est pas produit de précipité de carbonate de barite dans le récipient D. Je suis donc autorisé à admettre que ces matières n'exhalent pas d'oxide de carbone [1].

EXPÉRIENCES SUR LES FLEURS.

On sait que les fleurs exhalent une proportion quelquefois considérable d'acide carbonique. Il est prouvé, même, qu'il n'est pas sans danger d'en conserver pendant la nuit dans une chambre à coucher. Cette influence délétère est-elle due uniquement à l'acide carbonique, ou n'y a-t-il pas d'autres fluides élastiques carbonés qui, émanant des fleurs, agissent comme substance toxique sur l'économie animale?

Il m'a donc paru intéressant de rechercher si certaines fleurs, qui répandent des parfums abondants, ont la propriété d'exhaler de l'oxide de carbone.

A cet effet, j'ai placé sous la cloche A une grande quantité de ces fleurs odoriférantes qu'on connaît sous le nom de *Seringat (Phyladelphus coronarius)*, et j'ai mis mon appareil en activité. Quoique l'expérience ait duré plusieurs heures, l'eau de barite du récipient D est demeurée parfaitement limpide. Il ne s'était pas dégagé d'oxide de carbone.

L'essai effectué avec d'autres fleurs m'a donné les mêmes

1 Toutefois, si l'on faisait cette recherche en opérant sur des matières organiques qui se décomposent au fond de l'eau, il n'est pas douteux qu'on verrait se produire du carbonate de barite dans le récipient, puisque ces matières, en ce cas, donneraient naissance à de l'hydrogène proto-carboné (gaz des marais) qui, au contact de l'oxide de cuivre chauffé, produirait de l'acide carbonique. Je signale cette circonstance afin que les conclusions de mon expérience soient bien circonscrites dans les conditions où elle a eu lieu.

résultats, que ces fleurs fussent exposées à la lumière ou obser-
vées dans l'obscurité.

EXPÉRIENCES SUR LES FEUILLES.

Enfin le problème le plus intéressant que j'avais à résoudre
était de chercher si les feuilles des plantes exhalent de l'oxide
de carbone.

A ce sujet, j'ai fait quelques expériences soit sur des rameaux
de feuilles détachées, soit sur des plantes croissant en terre.

J'ai mis le soir, sous la cloche A, un grand nombre de branches
de *Phlox (Phlox paniculata)* et j'ai fait fonctionner mon appareil
toute la nuit.

Le lendemain matin, il n'y avait aucun dépôt de carbonate de
barite dans le récipient D.

Le jour suivant, ces feuilles étant exposées soit au soleil, soit
à l'ombre, dans un appartement, le résultat a été absolument
le même.

Ces feuilles, en aucune circonstance, n'ont donc exhalé de
l'oxide de carbone.

Une autre expérience, de même nature, a été faite sur une
plante de *Matricaire* végétant fort bien dans un pot à fleurs.

On a mis sous la cloche, en présence de cette plante, 100
centimètres cubes d'acide carbonique pur, puis la plante a été
exposée au soleil pendant deux heures (température 20 à 25°).

Après cette exposition, on a fait fonctionner l'appareil pendant cinq à six heures, de manière à aspirer plusieurs fois le
volume de l'air qui entourait la plante. L'eau de baryte est restée
parfaitement limpide. Cette plante n'avait donc pas exhalé de
traces d'oxide de carbone.

Des recherches de même genre, faites sur d'autres végétaux,
ont confirmé ces premiers résultats.

Je puis affirmer, en conséquence, que les feuilles des plantes pendant leur exposition au soleil, en absorbant l'acide carbonique de l'air, n'expirent pas d'oxide de carbone.

De Saussure a fait quelques recherches en plaçant des plantes telles que la Salicaire, l'Epilobe, la Persicaire, dans du gaz oxide de carbone, et il a vu qu'après avoir végété quelque temps dans ce fluide élastique, elles ne l'ont point décomposé, quoique dans l'intervalle, elles eussent été soumises souvent à l'action du soleil [1].

Ainsi l'oxide de carbone n'agit pas comme l'acide carbonique à l'égard des feuilles : *il n'est ni expiré ni absorbé par elles.*

P. S. Ces dernières expériences confirment les résultats obtenus par MM. Boussingault et Cloëz, qui ont étudié le même sujet par une méthode différente de la mienne.

Voici les conclusions que M. Boussingault a tirées de ses recherches :

« Les feuilles et même les branches des végétaux, en fonctionnant dans des conditions aussi semblables que possible aux conditions naturelles, émettent de l'oxigène qui ne présente pas d'indices de gaz combustible. » (Comptes-rendus de l'Académie des Sciences, tome LVII, page 413.)

---

[1] Recherches chimiques sur la végétation. Page 208.

Lille. Imp. L. Danel.

[illegible]
[illegible]

[illegible]
[illegible]
[illegible]
[illegible]
[illegible]

[illegible]
[illegible]

[illegible]
[illegible]

[illegible]
[illegible]
[illegible]
[illegible]

APPAREIL POUR DOSER L'OXIDE DE CARBONE (PAR Bon CORENWINDER).

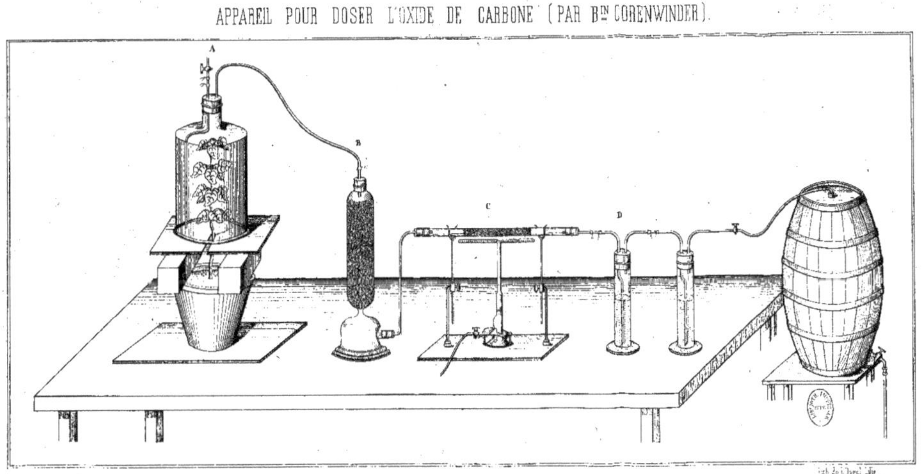